DE L'IMPORTATION

EN FRANCE

DES

FILS ET TISSUS

DE LIN ET DE CHANVRE

D'ANGLETERRE

PAR M. ESTANCELIN

Député de la Somme

> L'importation facile des marchandises dont un pays a déjà lui-même des manufactures est pernicieuse, puisqu'elle nuit aux progrès de cette industrie dans ce pays; et ce sera immanquablement le cas de nos manufactures de toiles, si l'entrée de ces marchandises est permise, sans qu'on les charge de droits considérables; cette importation tend à la ruine de la Nation.
>
> *(British Merchant.)*

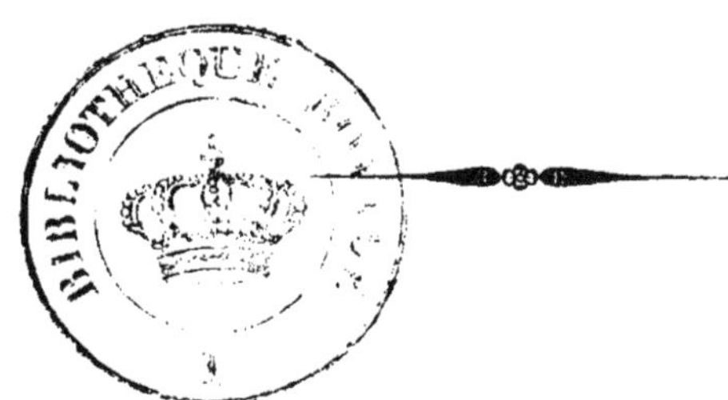

A HENRY, IMPRIMEUR DE LA CHAMBRE DES DÉPUTÉS
8, rue Git-le-Cœur

1842

DE L'IMPORTATION

DES

FILS ET TISSUS

DE LIN ET DE CHANVRE

Depuis l'époque où, pour la première fois, les Chambres reçurent et accueillirent les nombreuses pétitions dans lesquelles les populations de nos départements du Nord et de l'Ouest traçaient le tableau de l'état critique de l'industrie linière, le mal dont se plaignaient ces populations s'est augmenté sans relâche. Longtemps, elles durent conserver l'espoir qu'enfin le Gouvernement, éclairé par l'expérience, leur rendrait justice; cet espoir malheureusement a été trompé; cette consolation leur est ravie. Aujourd'hui, c'est moins une nouvelle demande qu'elles forment, que le cri de détresse qu'elles font entendre. Le coup qui les a frappées sera mortel, pour peu que l'on diffère l'application du seul remède qui puisse ranimer cette industrie mourante.

Un rapide exposé des phases de la révolution qu'elle a subie, des effets qu'ont produit sur elle les innovations et les progrès qui se sont opérés, précèdera la description que nous faisons, sur des documents officiels, de sa situation réelle ; on y verra quelle est son importance, sous le rapport de notre agriculture, de notre commerce, et de l'existence de plusieurs millions de cultivateurs qui s'y trouve intimement liée ; enfin nous démontrerons par tout ce qu'a fait, par tout ce que prépare l'Angleterre, tout le prix que met cette insatiable rivale à conquérir et à s'assurer la possession définitive et immuable de ce nouveau monopole, qui doit la dédommager de celui des cotons et des lainages dont nous nous sommes affranchis depuis longtemps, et dont, à leur tour, se libèrent les autres nations de l'Europe.

Napoléon, par son décret du 7 mai 1810, promit un million de récompense à l'inventeur de la meilleure machine propre à filer le lin ; faisant appel à toutes les intelligences, il admit le concours des industriels de tous les pays. Il croyait, avec raison, ne pouvoir acheter trop cher une découverte dont son génie avait calculé toutes les conséquences sur les destinées de son empire. Il assurait ainsi à la France la conservation de l'une de ses plus anciennes et de ses plus précieuses industries, en obtenant de son agriculture une matière première que la nature a particulièrement affectée à son sol; il diminuait le tribut onéreux qu'elle payait à l'étranger, pour une matière exotique que le producteur lui apportait et lui apporte encore dans ses ports, et il répandait dans la population rurale de presque tous nos départements les bénéfices des travaux si nombreux, si variés, que nécessitent la culture et l'apprêt de nos deux plantes textiles.

Cette pensée alluma bien des intelligences, et tout porte à croire que, sans les désastres qui, deux ans plus tard, succédèrent à tant de gloire et de prospérité, le génie de la France fût parvenu au but que de premiers essais avaient fait envisager, et que quelques perfectionnements devaient bientôt atteindre. Malheureusement, c'est à nos rivaux que la solution du problème était réservée; ils profitèrent habilement des résultats de nos premiers essais; trop confiants dès-lors, comme nous n'avons cessé de l'être, nous n'hésitâmes point à leur ouvrir nos ateliers et à les initier dans des procédés dont leur sagacité et leur persévérance bien connues les firent triompher quelques années plus tard.

Pendant que nous perfectionnions avec lenteur nos mécaniques impuissantes, et que le Gouvernement d'alors, arrêté par des considérations d'humanité qui lui faisaient envisager les conséquences de la suppression du filage à la main, hésitait à donner son concours et son appui, les Anglais, parvenus à triompher de toutes les difficultés qui les avaient, comme nous, arrêtés jusque là, développèrent tout-à-coup leurs puissants moyens d'exécution. Dès ce moment, l'Angleterre, qui avait constamment tiré de l'étranger le fil de lin qui alimentait ses manufactures, diminua considérablement ses importations; elles étaient en 1827 de 2 millions de kil.; en 1834, elles n'étaient plus que de 679,000 kil., et deux ans après elles avaient complètement cessé pour les fils destinés au tissage, la production de ses filatures pourvoyant amplement aux besoins de ses manufactures.

En même temps que l'Angleterre cessait de tirer des fils de l'étranger, elle importait chez elle d'immenses quantités de matière première, et elle exportait chaque jour les fils que n'employaient pas ses manufactures de toiles.

On voit, dans le tableau annexé à l'enquête de 1838, les quantités de matières premières tirées de toutes les parties de l'Europe, depuis 1831. Ces quantités, médiocres dans l'origine, étaient, dès 1837, de plus d'un million de quintaux; elles ont atteint, en 1840, l'énorme poids de 64,048,407 kilogrammes. Dans cette quantité ne sont pas compris les filasses du Jute, du chanvre de Manille, du phormium tenax, exportés des Indes Orientales et de l'Australie.

Il était impossible que l'apparition des fils anglais sur nos marchés n'éveillât point les inquiétudes des industriels et la sollicitude du Gouvernement; aussi l'homme d'État qui, en 1833, avait le portefeuille de l'agriculture et du commerce, jugea-t-il, avant d'arrêter aucune opinion sur des projets de traité dès-lors proposés par l'Angleterre, d'aller lui même dans la Grande-Bretagne, afin d'y étudier ces importantes questions et d'y constater surtout la situation d'une industrie aussi menaçante pour les intérêts de la France; il vit ses prodiges, et il présagea son prochain avenir; aussi, à son retour, se hâta-t-il de soumettre la question au conseil général de l'agriculture, des fabriques et du commerce, et de présenter d'urgence un projet de loi.

« Messieurs, disait le Ministre, quoique l'objet » principal de la loi soit de faire des concessions, » il a été impossible de ne pas satisfaire à quel- » ques demandes présentées dans l'intérêt de l'in- » dustrie, et dont la justice et la convenance sont » reconnues de tous. Le problème pour lequel » Napoléon avait promis un million de récom- » pense, ce problème n'en est plus un. Nos voi- » sins sont parvenus, à l'aide de machines ingé- » nieuses, à filer le lin aussi régulièrement et avec » autant de promptitude que le coton et la laine. » Ce qui rend cette découverte d'autant plus pré- » cieuse, c'est qu'elle fournit les moyens de faire

» avec des étoupes d'aussi bon fil qu'avec le lin
» entier et peigné. Nos voisins assurent le succès
» de la nouvelle industrie par deux moyens : d'a-
» bord, ils affranchissent ou à peu près le lin et
» les étoupes, ensuite ils perçoivent sur les fils
» étrangers un droit de 55 sous par livre, tan-
» dis que chez nous on perçoit à l'entrée 30 fr.
» par quintal métrique de lin ou de chanvre, 24
» centimes par kilogramme sur le fil simple, et
» seulement 14 centimes sur le fil d'étoupes. »

Le Ministre proposait de porter ce droit à 50 centimes et de réduire de moitié les droits d'entrée sur les lins et sur les chanvres bruts. C'était, selon lui, le seul obstacle qu'on pût efficacement opposer au danger; mais il fallait agir sur-le-champ et sans nul délai.

La Commission, sans contester la valeur des motifs de l'augmentation sur l'entrée des fils proposée par le Ministre, ne partagea point sa pensée sur l'imminence du péril, et prononça froidement qu'elle estimait qu'il serait utile de différer la solution de la question, sans lui assigner aucun terme; tout resta donc dans le *statu quo* et y a été maintenu jusqu'à la loi du 6 mai 1841, au mépris des doléances et des réclamations de tous les cultivateurs et industriels des diverses parties de la France. Ainsi, depuis 1833, où le mal fut reconnu et où le remède fut proposé, l'irruption des fils anglais, dont l'importation, nulle avant 1830, qui ne fut en 1831 que de 14,532, et qui n'était en 1832 que de 56,378 kilogr., s'éleva à 418,388 kilogr. en 1833, au double en 1834, et, d'année en année, par des doublements ou tiercements annuels, est arrivée au chiffre énorme de 10 millions de kilogr., et cela en onze années!

L'enquête commerciale de 1834 reconnut le danger que le Ministre venait de signaler, elle fit sentir la nécessité d'élever le droit protecteur, de l'élever à l'instant et sans délai. Des pétitions adressées aux Chambres peignaient la situation désastreuse où se trouvait déjà la classe si nombreuse des individus qui, dans nos campagnes, trouvaient leur subsistance dans la préparation et le filage du lin. A ces doléances s'unissaient celles des établissements fondés à grands frais pour nationaliser la nouvelle industrie, celle des mécaniciens parvenus à égaler et même à surpasser nos rivaux dans la confection des métiers ingénieux dont ils approvisionnaient les ateliers en construction. Pétitions, réclamations verbales, conférences avec les Ministres, furent sans aucun résultat jusqu'à la séance de la Chambre des Députés du 7 avril 1838, où le Ministre du commerce déclara enfin qu'il reconnaissait combien étaient fondées les réclamations; *il invitait cependant la Chambre à ne pas entamer une discussion qui pourrait entraver des négociations entamées avec le Gouvernement britannique, dont il affirmait que le terme serait très-prochain.* Cette déclaration accueillie avec un excès de confiance et d'abandon, fut orgueilleusement considérée par le commerce anglais comme une concession que son Gouvernement avait exigée et obtenue du nôtre. En effet, le *Leed's Mercury*, du 14 avril, disait en propres termes : Le Ministre du commerce de France a *cédé* aux représentations du Ministre anglais, en écartant, *pour cette session,* l'augmentation du droit proposé pour les fils et les toiles d'Angleterre importés en France.

Sur ces entrefaites, le pays, qui ne se doutait pas que notre Ministère eût *cédé* aux représentations du Ministre britannique et eût promis de différer toute décision au-delà de la session, envoya à Paris des délégués chargés de hâter le terme de ses souffrances. Dans le courant de mai 1838, une centaine de propriétaires, cultivateurs, industriels, des diverses contrées de la France, réunis aux Députés de leurs départements, sont admis auprès de M. le Président du conseil et de M. le Ministre du commerce ; ils leur tracent avec autant de sincérité que d'énergie le tableau des désastres dont ils sont les témoins, et la plupart les victimes : ils exposent que tout délai, tout retard à l'acte de justice qu'ils réclament, accroissent les préjudices que l'humanité elle-même, non moins que l'agriculture et le commerce, éprouve en cette circonstance ; c'est le pain qu'ils viennent réclamer pour des millions d'individus dont la misère est déjà à son comble;

c'est une protection immédiate qu'ils viennent solliciter pour des entreprises où sont engagés d'immenses capitaux, entreprises qui, en affranchissant la France du tribut que ses rivaux prétendent lui imposer, doivent lui conserver deux des plus riches produits de son sol.

A l'accueil fait à ces pressantes réclamations, aux promesses formelles d'y faire droit, on était fondé à compter sur une prompte solution. Cependant rien n'avance, les importations s'augmentent de jour en jour; les plaintes, les cris de désespoir qui se font entendre sur les rivages de la Bretagne, retentissent dans tous les départements des anciennes provinces de Normandie, de Picardie et de Flandre. Pendant ce temps une enquête, ordonnée par le Ministre du commerce et confiée à une commission composée des hommes les plus éclairés et les plus dignes de confiance (1) par leur profonde expérience et leurs lumières, constatait tous les faits avec un soin très-remarquable, et démontrait

(1) Cette Commission était composée comme il suit :

MM. Odier, Pair de France, président.
Gautier, Pair de France, sous-gouverneur de la Banque de France.
Ganneron, ... } membres de la Chambre des Députés.
Joseph Périer,... }
David, ... } conseillers d'État.
Gréterin, ... }
Isidore David, ... auditeur au conseil d'État, secrétaire.

combien étaient fondées les plaintes et les réclamations de l'agriculture et de l'industrie. Ce travail important, vrai modèle en son genre, dont on ne pourrait toutefois admettre aujourd'hui toutes les conclusions, commencé le 31 mai, fut achevé le 27 juillet, après quatorze séances. Il prouvait, avec la plus complète évidence, l'urgente nécessité de mesures efficaces et promptes pour sauver tant d'intérêts compromis. Il produisait, sur toutes les parties de cette importante question, les détails les plus circonstanciés et les plus complets; il initiait toutes les intelligences à la connaissance de cette industrie. Comment s'est-il fait que cet excellent travail, imprimé à l'imprimerie royale en novembre 1838, destiné à être distribué aux Chambres, ait été *soustrait à la publicité,* et qu'il n'en ait circulé que quelques exemplaires? On eût eu des motifs de cacher la vérité et d'écarter dans le jugement de la matière les pièces de conviction, que l'on ne pouvait mieux s'y prendre; en effet, il n'est personne qui, à la lecture de ces consciencieux documents, fournis, discutés et recueillis par les autorités les plus respectables, n'eût été capable de prononcer sur ce qu'il y avait à faire. La soustraction de l'enquête a donc produit, qu'on n'en doute pas, toutes les erreurs dans lesquelles la bonne foi des Chambres a été entraînée.

Le mal s'aggravant de jour en jour, les plaintes, les sollicitations deviennent plus pressantes : l'honorable M. Defitte, président du comité institué par MM. les Délégués de cette branche d'industrie agricole et commerciale, interprète officiel des doléances de plus de cinquante départements, adresse le 18 septembre à M. le Président du conseil les représentations les plus énergiques. Ces représentations demeurent sans résultat. Au mois de novembre, l'honorable président du comité, dont le zèle éclairé et le dévouement patriotique s'accroissent avec les obstacles qu'il rencontre, adresse à M. le Ministre du commerce de nouvelles observations sur la nécessité d'une urgente et efficace modification à notre tarif de douanes ; il reproduit, dans son mémoire, les dispositions de l'enquête que, par ordre du Ministre lui-même, le conseil supérieur du commerce venait de terminer. A ces dispositions, qui éclairent complètement cette question, M. Defitte ajoute les considérations les plus incontestables, qui démontrent, avec la dernière évidence, que la France est sciemment la dupe de l'Angleterre. Qu'a produit cette nouvelle publication, ce nouveau rappel d'une promesse solennellement faite, d'un engagement pris au nom du gouvernement du Roi, à la face de la représentation nationale? Les choses sont restées *in statu quo*, et les spéculateurs anglais qui, pour me servir des expressions du *Leed's Mercury*, avaient craint naguère d'avoir peu d'espoir d'influencer (*influencing*) le Ministère français, tranquillisés désormais, ont continué et continuent sans crainte d'accroître l'activité de leurs expéditions : elles avaient été de 3,199,917 kil. en 1837; elles s'élevaient en 1838 à 5,804,252 kil. Vainement les rapports mensuels de l'administration des douanes, accusant de toutes parts une entrée de fils et de toiles dont la masse double et triple d'un mois sur l'autre, confirment-ils les assertions du comité des délégués, le Ministre est sourd, aveugle et muet; lui démontre-t-on qu'aucune circonstance n'a rendu plus nécessaire la faculté qu'il a d'élever, par ordonnance, un tarif devenu insuffisant, il faut, dit-il, attendre la prochaine convocation des Chambres, afin de résoudre la question par une loi. Cette convocation a lieu, le discours de la couronne annonce qu'une loi relative à l'importante question des sucres sera incessamment présentée, mais il n'est rien dit de celle qui concerne l'industrie linière. On demande alors au Ministre une explication de ce silence; on apprend que la solution de la question résultera du travail d'une Commission spéciale instituée *diplomatiquement* pour réviser, *s'il y a lieu*, les tarifs des douanes des deux nations. A cette réponse dilatoire si opposée aux promesses faites le 7 avril 1838, aux espérances données dans les conférences ministérielles, si promptement oubliées, il a été facile de conjecturer ce que l'on devait attendre : c'était la consécration de l'état de choses et le maintien des abus contre lesquels on réclamait. Ce refus opiniâtre de donner une solution si vivement requise accroît les réclamations ; de nouvelles pétitions sont adressées à la Chambre des Pairs et à celle des Députés dans la session de 1839; les plaintes s'aggravent, des faits incontestables les confirment : les importations des fils, qui étaient en 1837 à 3,199,917, se sont élevées en 1838 à 5,802,625 : elles s'accroissent en 1839 et atteignent 6,167,731. Ainsi, le résultat prévu et annoncé dès 1834, par l'habile Ministre qui s'était efforcé d'en prévenir les conséquences, était justifié ; les motifs sur lesquels les pétitionnaires s'appuyaient avaient la sanction de l'expérience. Comment a-t-on pu résister à la puissance de faits aussi complètement établis ?

Il n'était pas possible de contester l'énormité des importations, mais on répondait froidement aux doléances de l'agriculture et de l'industrie éplorées : « Il y a aujourd'hui des exportations de lin si considé- » rables, que dans l'année 1838 l'exportation a » monté à 1,816,834 kil. Dans les quatre premiers » mois de 1839, il en a déjà été porté au-delà de » 1,600,000 kil. Si cette exportation continue dans » la même proportion, elle s'élèvera dans l'année » à 5 ou 6 millions de kil.; *cela a soutenu l'agricul-* » *ture.* » Depuis, on a été plus loin, et l'on a dit et répété que l'agriculture était *désintéressée, puisqu'elle trouvait un débouché pour ses produits ;* ainsi l'agriculture serait également désintéressée si l'étranger venait acheter nos laines, pour venir librement nous vendre ses draps. Nous ne pouvons mieux rendre les sentiments que font naître en nous de telles assertions énoncées à la tribune par des Ministres, qu'en nous écriant avec M. Charles Dupin : « Comment! vous êtes une nation qui visez à disputer la palme de l'industrie, et vous vous félicitez qu'on vienne vous prendre la matière première pour vous l'enlever comme à des incapables! Qu'on l'exporte, et puis qu'on vienne vous la rendre sous forme de fils ou de tissus! Mais c'est se réduire à l'état où l'Angleterre travaille depuis si longtemps à réduire le monde entier, à produire les matières premières et à recevoir les produits de son industrie. C'est se résigner à subir la condition que le désastreux traité de Méthuen imposa au Portugal (1), considéré depuis, avec tant de raison, comme une colonie britannique! Un pareil rôle peut-il convenir à la France? »

Mais ce qu'à Dieu ne plaise nous ne consentirons jamais à supposer, examinons dans quelles proportions devrait tomber le prix de nos lins si nous nous bornions à cultiver et produire pour nos rivaux. La valeur officielle, c'est-à-dire celle attribuée par la douane, est de 1 fr. 20 c. par kilog., ce qui donnerait à la valeur du produit d'un hectare, à raison de 619 kilog., un prix de 742 fr. 80 cent.; le prix

(1) Appendice. — Note sur les relations de l'Angleterre avec le Portugal.

du kilog. de lin russe, rendu à Leeds, étant de 80 cent., le prix de notre récolte, réglé par cette concurrence, ne porterait qu'à 500 fr. au plus la valeur des produits de l'hectare. Mais ne nous en tenons pas à cette seule démonstration, et examinons la proportion dans laquelle la France entre dans la quantité de matières premières qu'emploie l'Angleterre. Il est entré dans les trois royaumes, en 1840, 1,223,701 quintaux de lin (50,710,168 kilog.); quelle part y a la France? 78,607 quintaux (3,257,464 kilog.); c'est-à-dire du 16 au 17me; depuis, ces quantités se sont réduites de plus de moitié.

Et voilà le dédommagement qu'on n'a pas craint de nous présenter pour la perte de notre industrie; mais ce genre de dédommagement ne disparaîtra-t-il pas tout-à-fait quand l'Angleterre recevra son immense approvisionnement de l'Inde, où elle vient d'établir cette culture sur la plus grande échelle (1)?

La session de 1839 se termina sans qu'il eût été donné aucune solution à la question des lins; cependant les pétitions avaient été renvoyées par les Chambres aux Ministres, qui avaient pris l'engagement formel d'y avoir égard; le 11 septembre, le Ministre du commerce, dans une audience accordée par lui aux délégués présents à Paris, leur an-

(1) Appendice. — Enquête de la chambre des Communes, du 2 juin 1840.

nonça officiellement, en les chargeant d'en faire part à leurs commettants, qu'une ordonnance allait paraître sous huit jours, qui ferait droit à leurs réclamations. Cette promesse *formelle* fut, à l'inexprimable surprise du public, démentie avant la fin du mois; rien ne fut fait, le *statu quo* fut maintenu, l'importation continua; les souffrances de l'agriculture et de l'industrie, soulagées un moment par l'espérance, furent aigries par la déception qui les sacrifiait aussi évidemment.

Au commencement de la session de 1840, plusieurs Députés présentèrent collectivement à la Chambre un projet de loi ayant pour but d'assurer à l'industrie nationale une protection modérée, mais efficace. Démontrant que le tarif du 27 juillet 1822 avait été établi à une époque où la filature mécanique n'avait versé sur le continent aucun de ses produits, et qu'il n'avait eu pour objet que de protéger la filature à la main, ils demandaient qu'un nouveau tarif, en harmonie avec la valeur des résultats de la récente invention, fût substitué à l'ancien. Cette prétention était sans doute très-naturelle et très-modeste; elle l'était d'autant plus qu'en consultant le tableau donné par Porter (*Progrès de la Grande-Bretagne*), on voit que le paquet de fil (*bund*) n° 37, qui avait, en 1822, en Angleterre, une valeur de 17 francs, était, par des diminutions successives, réduite à 10 ou 11 francs en 1833; il en résultait donc nécessité indispensable et urgente d'un changement immédiat. La discussion à laquelle ce projet donna lieu dans la séance du 1er février, témoigne du juste intérêt que lui accordait la Chambre. Nul doute qu'il n'eût été pris en considération si le Ministre, parlant, comme il l'avait fait à l'ouverture de la session 1838, *de négociations ouvertes entre la France et l'Angleterre*, *qui*, selon lui, *touchaient à leur terme*, et dont il n'a plus été question depuis, n'eût fait craindre d'en compromettre le succès; il promettait de plus, et sous le plus bref délai, la présentation d'un projet de loi sur la matière; malgré les efforts du Ministre, secondé en cette circonstance par les intérêts des pays vinicoles, excités et séduits par de fallacieuses espérances, une majorité de dix voix seulement prononça l'ajournement.

La promesse faite le 1er février de soumettre à la Chambre un projet de loi fut tenue, il faut l'avouer; mais à quelle époque ce projet fut-il présenté? le 23 mai, à la fin de la session, c'est-à-dire au moment où il était impossible que la loi fût rendue dans le courant de cette année. Aussi la Commission ne fut-elle en mesure de déposer son rapport que le 15 juillet, jour de la clôture de la session. De cette manière, l'exploitation de la France fut assurée aux spéculateurs anglais une année de plus; ils en profitèrent, et leurs importations ne se ralentirent point; on peut remarquer, cependant, que leur accroissement ne fut pas aussi considérable que dans les années précédentes; la raison en est toute simple : quoique le projet de loi présenté par le Gouvernement français ne contînt que des dispositions peu alarmantes pour les intérêts britanniques, ménagés avec une si touchante sollicitude, les spéculateurs craignaient cependant que les Chambres n'adoptassent les propositions si justement, si constamment faites d'une protection efficace et du retour au tarif de 1826 pour les toiles. D'ailleurs, les conclusions de la Commission, qui élevaient à 12 et demi pour 100 les droits sur les fils, et qui, pour les toiles, substituaient à l'injustifiable tarif de 1836, celui de 1826, qui avait établi une parfaite égalité entre les produits belges et français, confirmaient cette opinion (1). Mais ils du-

(1) Le tarif de 1826 était, en tous les points, conforme à celui de la Belgique, qui est demeuré le même. Mais le tarif de 1836 a produit les innovations suivantes, dont on peut calculer les conséquences.

TARIF BELGE.			TARIF FRANÇAIS DE 1836.	
Toiles écrues, de moins				
De 5 fils, ...	100 kil.	10	fr.................	10 f.
De 5 à 8 fils.....	»	30	....	30
De 8 à 12	»	65	de 9 à 12.......	56
			de 12	65
De 12 à 16.........	»	105	de 13 à 16.......	75
			de 16	105
De 16 à 18.........	»	170	de 17	150
De 18 à 20.........	»	240	de 18 à 19.......	180
De 20 et plus.......	»	350	de 20	225
			Au dessus de 20	350

rent bientôt se rassurer, en voyant la chaleur et l'opiniâtreté avec laquelle le Ministre du commerce défendit son projet et repoussa jusqu'aux amendements que, dans les nombreuses conférences qu'elle avait eues avec lui, la Commission avait dû se flatter qu'il ne combattrait pas. Les articles de la loi du 6 mai 1841, relatifs aux fils et aux toiles, adoptés conformément au projet du Gouvernement, mais adoptés toutefois à une très-faible majorité (1), détruisirent toutes les incertitudes de nos rivaux, et fixèrent dès-lors la base sur laquelle ils pouvaient fonder leurs calculs. C'est ce qui arriva, comme le démontre le tableau du commerce. A dater de cette époque, l'importation qui, en 1839, avait été de 6,817,228 kilog., et en 1840 de 6,846,000 kilog., s'est élevée en 1841 à 10,002,000 kilog., c'est-à-dire qu'elle a monté de 45 pour 100 pour les fils, et de 24 pour 100 pour les toiles. Ce n'est pas encore assez : dès les deux premiers mois de l'année courante, nous voyons les importations de fils,

En janvier, à...	1,143,492 kil.	3,438,169 kil.
En février, à...	931,594	
En mars, à.....	1,563,283	

Ce qui, d'après comparaison faite des deux mê-

(1) Le premier chiffre du tarif, d'après la Commission (fils simples, fournissant au kil. moins de 9,000 mètres écrus, 22 fr. par 100 kil.), fut mis aux voix, et, après deux épreuves douteuses, rejeté au scrutin par 147 voix contre 126.

mes mois de 1841, élève la différence à 54 et demi pour 100 pour les fils, et à 42 pour 100 pour les toiles.

Tels sont les effets produits par une loi si longtemps attendue, si incomplète, et octroyée pourtant, il faut le dire, avec une si inexplicable répugnance. Loin d'avoir arrêté le mal, elle a assuré et fortifié ses racines ; elle doit infailliblement amener, et précipiter, sous peu d'années, la ruine de notre industrie linière, pourvu que l'on diffère son abolition. Cette assertion vient d'être exposée de nouveau au Gouvernement par les conseils généraux de l'agriculture et des manufactures dans le courant de décembre dernier; ces conseils ont constaté que le prix des fils et des toiles s'est tellement avili sur nos marchés, qu'il n'y a plus que ruine pour le producteur, et ils ont réclamé comme mesure de salut que les droits soient augmentés sans retard et d'une manière efficace ; à ces plaintes si fondées, à ces demandes si justes, qu'a-t-il été répondu?..... Qu'il serait pourvu, par ordonnance, à l'amendement et à la modification du tarif, *dont on reconnaissait l'impuissance.* Mais six mois au moins se seront écoulés avant cette ordonnance promise, dont on n'a pas même laissé soupçonner les dispositions; le souvenir du passé n'est pas fait pour nous donner de grandes espérances pour l'avenir, et l'expérience du mois de septembre 1839 a dû altérer notre confiance.

De l'exposé des effets qu'a eus jusqu'à ce moment sur nos intérêts le prodigieux développement de la filature mécanique en Angleterre, ressort une affligeante vérité, c'est que le Gouvernement français n'a rien fait pour en arrêter les funestes conséquences, et qu'il n'a cessé (sans intention sans doute) de faciliter les succès de nos rivaux. Cette industrie, disons-le nettement, fut livrée en holocauste dans les négociations préparées entre les deux pays, et promise en compensation de prétendues concessions qui ne seront jamais faites. En ayant attendu, en différant toujours, comme on le fait encore, on accorde, on assure à l'Angleterre, *sans qu'elle fasse aucun changement dans ses tarifs*, le but auquel tendent tous ses desseins; elle ruine nos établissements fondés à si grands frais, en inondant nos marchés de produits qu'elle vend à tout prix, qu'elle vendra même à perte, calculant que l'intérêt de ces sacrifices temporaires lui sera amplement payé par la ruine de notre industrie nationale, qui lui assurera la possession du monopole. Elle agit aujourd'hui comme elle le fit après le funeste traité de 1786; mais, à cette époque, on ne compromit que des intérêts industriels, ceux de l'agriculture furent ménagés. Aujourd'hui il n'en est plus de même; ce sont les intérêts agricoles qui sont sacrifiés, comme nous allons le démontrer.

La France considéra longtemps, comme la plus précieuse et comme la plus digne d'encouragements, l'industrie qui, ne mettant en œuvre que des matières premières produites par son sol, entretenait, enrichissait l'agriculture, cette nourricière du genre humain, à laquelle sont voués vingt-quatre millions de Français. Ce principe, sur lequel Sully basa sa politique, fut observé, étendu, modifié par Richelieu et par Colbert; la France lui dut les progrès de son agriculture et de son commerce; il était réservé au siècle où tant d'erreurs se développèrent au milieu d'utiles innovations, de le voir contester et attaquer obstinément par une secte dont les rêveries ont eu et continuent à avoir pour nous de si déplorables conséquences. L'Angleterre, dont les écrivains et les émissaires politiques propagèrent ces doctrines libérales de liberté absolue de commerce, se garda bien d'en user pour elle-même : *Jamais,* disait le Ministre du commerce dans la séance de la Chambre des communes, le 25 février 1840, *le Gouvernement n'a eu l'intention d'abandonner le système des droits protecteurs de l'industrie nationale.* Le nouveau tarif des douanes, que discute en ce moment même le parlement, prouve l'immuable fixité de ce système. Les droits protecteurs des produits du sol britannique sont tous prohibitifs, puisqu'ils s'élèvent à 45 ou 50 pour 100. Les principes de l'Angleterre sont, à cet égard, absolus et invariables : l'agriculture avant tout, le commerce ne vient qu'en seconde ligne. Pourtant, dans quelle proportion figure, en ce pays, la population agricole? Dans celle de 28 pour 100, tandis qu'en France elle dépasse le nombre de 22 millions d'individus, 60 pour 100.

Loin d'imiter cet exemple, la France a presque toujours compromis et souvent sacrifié les intérêts de son agriculture; par exemple, si ses lois protègent la production des céréales et celle des bestiaux et des laines, elles sont insuffisantes pour les plantes oléagineuses, dont la concurrence étrangère avilit, chaque jour, les prix. Enfin, elles sacrifient, comme nous le démontrons, la culture du lin et du chanvre.

L'étendue de ce sacrifice ne fut appréciée, jusqu'à présent, que par la Commission d'enquête de 1838, dont le rapport, rendu public, eût éclairé les consciences. Nous allons y suppléer dans l'exposé que nous présentons ici de l'importance agricole de ces précieux produits.

La Commission d'enquête de 1838 regrettait de ne posséder aucun document statistique officiel qui lui fît connaître, d'une manière précise, l'étendue du sol cultivé en lin et en chanvre; les cultivateurs qui comparurent, ne lui donnèrent de renseignements certains que ceux qui concernaient leurs départements respectifs; mais, pour l'ensemble, elle n'obtint que des aperçus incertains, que la plupart fondaient sur le chiffre qu'avait adopté M. Chaptal, dans son remarquable ouvrage *Industrie française*, publié en 1817. Malheureusement, celui-ci n'avait puisé que dans les documents très-approximatifs qui servirent à M. Hennet pour son travail sur le cadastre. Ainsi rien de positif, tout était dans les probabilités. Généralement, on s'accordait à trouver que le chiffre de M. Chaptal, 140,000 hectares, était au-dessous de la vérité; les uns l'élevèrent à 170,000, d'autres à 180,000; mais, depuis l'enquête, le Ministre du commerce ayant rassemblé tous les divers éléments, a achevé la statistique détaillée des productions de l'agriculture. C'est dans ce travail important, dont la quatrième livraison n'a point encore été distribuée, mais que nous avons consultée sur l'épreuve, que nous avons dressé le tableau que nous annexons à ce Mémoire (1).

Il résulte de ce document officiel que le lin est cultivé dans soixante-six départements, sur une superficie de 97,672 hectares, le chanvre est cultivé dans quatre-vingt-un départements, sur une étendue de 177,096 hectares. Ainsi, ce n'est pas, comme l'établissait Chaptal, 140,000 h., ce n'était pas non plus 180,000 hectares, comme le portait au maximum la Commission de 1838; mais c'est sur 274,768 hectares qu'il faut compter, et c'est sur cette base que nous fondons nos calculs.

Les départements où la culture du lin a le plus d'extension sont ceux de notre frontière maritime, depuis Dunkerque jusqu'à Bayonne; en effet,

(1) Appendice. — Etat de la production en lin et en chanvre.

les départements du Nord, du Pas-de-Calais, de la Somme, la Seine-Inférieure, le Calvados, la Manche, les Côtes-du-Nord, le Finistère, l'Ille-et-Vilaine, le Morbihan, la Loire-Inférieure, la Vendée, la Charente, la Charente-Inférieure, les Landes, les Basses-Pyrénées, en total 15, présentent une superficie de 54,366 hectares sur 43,306 hectares de surplus, répartis entre les 51 autres départements; ceux de l'Eure, de l'Orne, de la Mayenne, de Maine-et-Loire, de l'Aisne, de la Meuse, de la Moselle, de la Meurthe, des Vosges, des Deux-Sèvres, de Lot-et-Garonne, du Gers, de Tarn-et-Garonne, du Tarn, des Hautes-Pyrénées, de la Haute-Garonne et de l'Ariège, au nombre de 17, occupent ensemble 28,833 hectares.

Les 34 autres départements, qui ne sont pas dénommés ici, contiennent ensemble une superficie en lin de 25,533 hectares.

La culture du chanvre est plus généralement répandue sur la surface du royaume et n'est pas confinée, comme celle du lin, dans la zône maritime; sur les 81 départements, ceux qui l'exploitent sur une plus grande échelle sont les départements de la Sarthe, de l'Isère, de Maine-et-Loire, du Puy-de-Dôme, du Bas-Rhin, de la Dordogne, du Morbihan, d'Ille-et-Vilaine, de Lot-et-Garonne, où elle s'étend sur une superficie de 50,629 hectares. Les 72 autres départements, dans des proportions inégales, mais inférieures à 4,000 hectares, partagent les 126,467 hectares restants.

La surface du sol employé par ces cultures étant ainsi constatée, nous avons rassemblé les éléments nécessaires pour établir la valeur, sinon réelle, du moins très-approximative de cette branche de l'industrie agricole. A cet égard, nous n'avons pu mieux faire que d'adopter, comme l'a fait avec raison la sous-commission d'enquête du conseil supérieur de commerce, les déclarations et documents fournis par trois agronomes distingués, MM. Defitte, Roussel et Moret; leurs calculs concordant dans leurs résultats, nous en adoptons les éléments pour fonder les nôtres. Ayant démontré que, pour le chanvre comme pour le lin, le loyer de la terre, l'engrais, la culture, la récolte, etc., enfin tous les travaux agricoles sont semblables, ils portent à 640 fr. par hectare le prix de toutes les avances nécessaires pour le loyer, les impositions, les frais de culture de tout genre, l'achat des graines, les dépenses des frais de récolte, d'étendage, de la dessication de la plante, son rouissage, son teillage et sa mise en état de vente sur le marché.

Ce chiffre de 640 fr. approuvé, nous opérons comme l'ont fait les autorités que nous citons.

Les 274,768 hectares à 640 fr. exigent donc une avance de 175,851,520 fr.

Les produits en matière récoltée, dit M. Moret, sont de deux sortes, d'abord la plante textile : si c'est du lin, on a par hectare 950 fr.; si c'est du chanvre, 750 fr., soit en moyenne réduite 800 fr.

par hectare, et pour le tout 219,814,400 fr. Il faut y ajouter la graine, 10 hectolitres de graine de lin par hectare, qui, à 20 fr., donnent 200 fr.; pour le chanvre, 10 hectolitres à 15 fr., 150 fr. Ainsi, la moyenne des deux produits sera de 175 fr. par hectare, et le tout donnera une valeur de 48,084,400 fr. pour les graines. Réunissant ces deux produits de la matière récoltée et propre à être mise sur le marché, on trouve un total de 267,899,800 fr. formant la valeur du produit de la récolte ordinaire en lin et en chanvre, ci. . . . . f. 267,898,800

La dépense qui, toute entière, a été faite au profit de l'agriculture, ci. 175,851,520

Il reste profit net. 92,047,280

Actuellement, examinons ce que la filature, le tissage, le blanchissage, la teinture ajoutent à la valeur de ce produit agricole brut.

Si nous basons notre calcul sur les éléments qui ont servi à M. Chaptal (chap. II, art. 5, tome I, et chap. II, art. 3, tome II), toute conforme que serait notre opération, elle produirait un résultat fort exagéré; en effet, M. Chaptal, opérant sur 50 millions, valeur numéraire du produit en matière de 140,000 hectares, prétend que l'industrie élève la dite valeur à 242,796,012 fr., c'est-à-dire qu'il la quintuple.

En suivant ce procédé, il résulterait qu'opérant sur 274,768 hectares, dont la valeur *nette* est de 92,773,400 fr., nous aurions, en quintuplant cette dernière somme, un total de 463,867,000 fr.

L'examen attentif que nous avons fait de ces questions, et les documents recueillis auprès des industriels, nous ont prouvé que le taux le plus élevé auquel on puisse porter l'accroissement que procure l'industrie, est le chiffre de trois, au lieu du chiffre 5. D'après cela, nous portons à une évaluation pécuniaire de 276,141,840 fr., le produit annuel de cette branche de commerce.

Mais il faut ne pas perdre de vue que nous avons établi ci-dessus que le produit brut de la récolte de 274,768 hectares, avait une valeur de. . . . . 276,898,800 f.
qui se divise ainsi ; savoir :

1° Frais de culture, loyer, impositions, frais de teillage. . . .	175,851,520 fr.	276,898,800
2° Restant net au profit pour l'agriculture. . .	92,047,280	

Il est donc établi, en fait, que l'évaluation pécuniaire d'une matière première de 92,047,280 f., a acquis par l'industrie, un prix de. 276,141,840
et que les frais que son exploitations a occasionnés sont de. 175,851,520

Total. . . . . . 451,993,360 f.

Cette somme de 451,993,360 fr. est le montant réel des capitaux que met en circulation l'industrie linière : mais dans quelle classe s'opère cette abondante circulation ? Exclusivement dans celle de nos campagnes, où les mêmes mains qui ont semé, cultivé, récolté la plante, en convertissent les filaments en fils et en toiles, dans cette classe qui fournit à l'État le plus grand nombre de ses défenseurs, et à nos cités, qu'elle régénère, leur puissanceactive, et vitale; à cette classe, dont on parle toujours avec estime, mais à laquelle, en définitive, on ne fait du bien qu'en l'y faisant contribuer presque exclusivement. Ainsi, ce n'est plus à 92 millions qu'il faut borner les bénéfices de l'agriculture, c'est réellement à 276 millions au moins qu'il faut l'élever. Mais si l'on considère que nous avons déduit la somme de 175 millions, comprenant tous les frais de culture, de récolte et d'apprêt de la matière, et que cette somme reste en entier dans nos campagnes, on verra que l'industrie linière est la cause d'un mouvement intérieur de 452 millions au profit de l'agriculture.

Est-il une autre industrie manufacturière qui présente de tels résultats? En est-il dont tous les éléments tiennent aussi généralement, aussi complètement au sol, et qui, par conséquent, soit plus nationale? Nous ne risquons point à affirmer qu'il n'en est aucune, parce qu'aucune ne trouve, comme celle-ci, sa matière première sur le sol; en effet, notre brillante industrie cotonnière qui, dans ce moment, emploie 53 millions de kil., paie à l'étranger, pour cette matière première exotique qu'il nous apporte lui-même presque exclusivement, un tribut de 94 millions. Il est vrai que, pour la dédommager de cette avance, cette industrie, par l'immense variété de ses ouvrages, en octuple à peu près la valeur, qu'elle élève à 730 millions.

Les produits de notre agriculture ne suffisent pas pour la précieuse industrie des lainages, qui tire de l'étranger une quantité de près de 30 millions de kilogrammes de laines de toute sorte, et qui rend en matières fabriquées une somme de près de 400 millions.

Disons ici que ces deux branches si considérables de notre commerce doivent incontestablement leur splendeur à la prohibition qui les protège. Sans cette sauve-garde, et avec les droits insuffisants de 1786, fussent-elles arrivées au point où elles sont parvenues? Si l'industrie linière, qui n'eut et ne réclama pas de privilège, et qui n'eut aucune part aux primes, avait été protégée quand elle en fit voir le besoin, elle eût conservé sa position et ses avantages actuellement si compromis.

La France exerçait cette industrie presque exclusivement à l'époque où celle du lainage dominait dans les Pays-Bas. Au XVIe siècle, son exportation s'élevait au-delà de 1,200,000 pièces provenant de la Normandie et de la Bretagne. L'état de l'importation de France en Angleterre, dressé par l'ordre des lords hauts commissaires, pour un traité de commerce avec la France, présenté le 29 novembre 1674, porte à 90,000 pièces (1) l'importation des seules toiles de Bretagne et de Normandie. Cependant des plaintes s'étaient élevées, douze années avant, sur le dommage que ce commerce portait à l'Angleterre, dont il épuisait le numéraire. Ces plaintes incessantes déterminèrent l'acte de prohibition prononcé en 1689. « *Nos manufactures de* » *toiles, dit sur ce sujet le* British merchant, *pu-* » *blié en* 1713, *étaient peu de chose autrefois. Elles* » *n'ont commencé à prospérer que depuis la prohibi-* » *tion de celles de France. Si on levait les droits* » *d'entrée sur ces toiles, il en viendrait une quantité* » *prodigieuse, et à si bon marché, qu'il faudrait aban-* » *donner nos métiers.* »

Du moment où la prohibition fut prononcée et qu'elle se fut affranchie du tribut qu'elle payait à la France, l'Angleterre s'occupa de tous les moyens de développer chez elle l'industrie linière ;

(1) Ce document contient les détails suivants :

Toiles de Locronan	60,000	pièces.
Toiles à voiles de Vitré et Noyal	17,000	id.
Toiles à voiles de Normandie	5 000	id.
Toiles de Quintin	2,500	id.
Toiles teintes	1,500	id.
Napes ouvrées	7,604	verges.
Serviettes ouvrées	33,896	id.
Bougrans	1,376	douzaines.
Toiles de Polledary	1 200	pièces.
Vieux draps	2,800	id.
L'état ajoute : (de papier)	160,000	rames.

c'est à cette époque que commencèrent les perfectionnements qu'elle donna aux filatures et particulièrement au tissage. Avant la fin du dix-huitième siècle, elle nous disputait à Cadix la fourniture des toiles à carreaux, en accordant une prime de cinq francs par pièce ; il en fut livré dans cette place, en une seule année, plus de 50,000 pièces. Indépendamment de ces encouragements, elle imposait les droits qu'elle maintient encore de 40 à 60 pour cent. Dès 1788, le génie inventif de cette nation perfectionna les métiers de tissage, en y appliquant les procédés mécaniques qui se sont si considérablement perfectionnés depuis. Mais, pour pourvoir aux besoins du tissage, il fallait tirer de l'étranger la plus grande partie des fils employés dans ses manufactures : c'est ce qu'elle continua à pratiquer jusqu'au moment où le problème de la filature mécanique, complètement résolu, lui permit non-seulement de se passer des subventions étrangères, mais d'inonder l'Europe de ses produits, s'augmentant sans terme au point d'employer, dans ses filatures, *une quantité de lins teillés égale à toutes celles que peut produire la France, dans l'état actuel de sa culture, c'est-à-dire la récolte de plus de* 90,000 *hectares.*

Actuellement l'Angleterre, au point où elle est parvenue en si peu d'années, doit mettre à s'assurer le monopole de l'industrie linière la plus grande importance ; c'est pour elle un objet capital.

Mais l'on se tromperait si l'on croyait que, pour conserver ce monopole, elle consentît sincèrement à aucun des sacrifices dont ses astucieux délégués cherchèrent naguère à séduire et à surprendre la bonne foi et la loyauté de nos commissaires. Non, elle ne sacriera rifien de ses prétentions, elle ne nous promettra d'insignifiantes concessions qu'avec la résolution de ne les tenir qu'autant qu'elle y trouvera son intérêt. Elle usera des moyens qu'elle employa toujours si habilement pour exciter et entretenir le zèle des propagateurs de ses doctrines et des défenseurs salariés de ses intérêts; elle persistera et elle se flattera d'arriver au but que ses moyens de corruption lui firent toujours atteindre. Dans ce moment même, ne voyons-nous pas, dans la Chambre des communes, l'émissaire politique qui, couvert du manteau de la philanthropie, vint naguère chez nous prêcher ses doctrines libérales, élever la voix pour l'abaissement de certains droits? C'est, qu'on ne s'y trompe pas, avec la pensée, non d'obtenir une réduction, mais d'entretenir chez nous de chimériques espérances, et, à la faveur de cette tactique adroite, d'empêcher ou du moins de différer la scission définitive d'intérêts *inconciliables*. L'expérience du passé doit nous servir. Quant à moi, j'ai plus de foi dans la parole de Canning disant : *Le sentiment intime de tout bon Anglais a toujours été et sera éternellement froissé par tout ce qui est gloire et prospérité pour la France*, que je n'en peux accorder aux apôtres de la diplomatie britannique prêchant l'humanité et la liberté commerciale.

Pour juger l'intérêt de l'Angleterre dans cette importante affaire, il suffit de jeter un coup d'œil sur l'état officiel des objets manufacturés dans l'étendue des trois royaumes dans l'année 1840. On y trouve les fils et les tissus de lin compris, élevés à la somme totale de 12,124,742 livres sterling (303,118,550 fr.) (1); sur cette somme, la consommation intérieure (*home consumption*) est de 8,000,000 livres sterling (200,000,000 fr.), et la valeur de l'exportation, à 4,124,742 livres sterling (103,118,550 fr.). Ainsi les exportations de 1840 ayant été, dans l'empire britannique, de 51,406,430 liv. sterl. 1,852,160,750 fr.), l'on voit que l'industrie linière figure déjà pour le douzième de la masse de ces immenses exportations.

Il est bon de remarquer que la France, dans cette exportation, entre pour une valeur, en fils et en toiles, de plus de 45 millions, et qu'avant 1830, elle n'en recevait pas.

Le résumé analytique, inséré en tête de l'état du commerce en 1840, contient une remarque qui nous révèle les destinées qu'on nous prépare; *les importations de tissus de lin et de chanvre, destinées à*

(1) Statistics of the British empire, 1842. Compiled from official returns.

la consommation intérieure du royaume, ont été chaque jour en diminuant; le contraire s'est manifesté pour les fils de lin et de chanvre, dont le chiffre des valeurs importées, qui atteignait à peine 10 millions en 1835, s'est élevé, d'année en année, jusqu'au prix de 28 millions.

Mais ce fait ne signale-t-il pas le danger évident qui nous menace? N'est-il pas naturel que l'introduction d'une si forte quantité de fils destinés à produire de la toile, rende moins nécessaire l'importation de cette matière? Attendons encore un peu; quand nos filatures seront ruinées, quand nos laboureurs, dégoûtés d'une culture improductive, y renonceront, alors on verra arriver, au lieu de fils, des masses de toiles que les Anglais fourniront à un taux tellement inférieur à celui que nos tisserands doivent prétendre, qu'à leur tour ceux-ci briseront leurs métiers (1). Ne croyons pas, comme on s'en flatte, que nos rivaux ne nous raviront pas la fabrication des toiles batistes, dont nous avons jusqu'alors eu l'avantage de pourvoir le monde; déjà on peut remarquer une notable diminution. L'Angleterre, qui en recevait en 1831 44,705 kil. du prix de 7,152,800 fr., n'en reçut en 1840 que 21,751 kil. du prix de 3,482,160 fr.

(1) En ce moment, il arrive une grande quantité de toiles anglaises *apprêtées* de manière à ressembler aux toiles de chanvre. La médiocrité de leur prix engage les acheteurs, qui, malgré leur mauvaise qualité, les préfèrent aux toiles françaises, qu'on ne peut livrer qu'à un prix double.

Mais écoutons l'auteur des *Progrès de la puissance britannique :*

« C'est de France, disait-il en 1835, que nous » recevons cette fine toile de qualité supérieure, » connue sous le nom de batiste. Il en entre chez » nous, chaque année, de 70 à 80,000 pièces; » mais que nos procédés mécaniques se perfec- » tionnent encore un peu, et nous verrons sortir » de nos filatures des produits aussi beaux que » ceux de France. Nous sommes assurément plus » fondés à concevoir cette espérance, qu'on ne » l'eût été, il y a cinquante ans, à supposer que » nous fournirions un jour des plus belles mous- » selines l'habitant des Indes-Orientales, dont » notre industrie naissante était alors tributaire. »

De tels aveux ne laissent subsister aucune incertitude sur les espérances et les projets de l'industrie britannique, surtout quand on voit l'incroyable développement qu'elle donne à son tissage. Le nombre des manufactures en activité dans le Royaume-Uni était, en 1835, de 347, employant 33,283 ouvriers. Il était, en 1840, d'un tiers en sus. Le nombre des métiers mécaniques qui, en 1813, n'était que de 2,400, s'est successivement accru au point d'être parvenu, en 1834, à 100,000 métiers mécaniques, battant dans tout le Royaume-Uni. « Aujour- » d'hui, dit Porter, les mécaniciens du Lancashire, » malgré la célérité qu'ils mettent à ces fabriques, » peuvent à peine suffire aux demandes de la ma-

» nufacture. » On peut présumer, d'après cela, des progrès qu'on a dû faire depuis huit ans !

Ce n'est pas la France seule que menacent de tels progrès, c'est l'Europe entière, c'est particulièrement la Belgique, qui, comme pays agricole et industriel, étant pour l'industrie linière dans des conditions analogues, se verra ravir cette branche de son travail, la plus ancienne, restée à toutes les époques la plus florissante, et qui, après avoir servi sa consommation, figure encore annuellement pour un quart dans la valeur de ses exportations totales. C'en est fait pour la Belgique comme pour la France, si cette Puissance, comme nous, ne se hâte de mettre obstacle à cette invasion. L'Angleterre est à la veille de produire sur le continent européen l'effet que son insatiable avidité a produit dans l'Inde. Le travail manuel est le seul pratiqué dans ces immenses régions. Le filage et le tissage du coton occupaient le temps que les cultivateurs ne donnaient point à la terre ; l'Indoustan était un immense atelier dont les produits, avant que ceux des fabriques européennes eussent fait concurrence, alimentaient tous les marchés du monde ; mais bientôt, nonobstant l'extrême modicité de la main-d'œuvre, de 20 à 25 cent. par jour, il a été impossible aux pauvres Indous de soutenir la concurrence que sont venus leur faire les produits égaux et souvent supérieurs de la métropole ; en effet, par ses moyens mécaniques, l'Angleterre a pu livrer à

35 sch. ce qui, dans l'Inde, par le travail manuel, revenait à 84 sch. Il en est résulté une ruine immédiate et complète, dont le résultat a été la mort, par la faim, de plusieurs millions d'infortunés, et la dépopulation des plus belles contrées de cette partie de l'Inde (1).

Une telle destinée n'est pas réservée au tisserand européen, je le sais; mais ce qui pour lui est imminent et inévitable, c'est l'abolition du travail de la chaumière, dans lequel il lui sera impossible de rivaliser avec le travail mécanique; dès-lors, l'industrie linière qui, comme moyen d'existence, complète les ressources de l'agriculture avec laquelle existe une alliance si intime, sera anéantie. Ce travail, jusqu'à présent exploité par des bras libres et indépendants, qui, quittant la navette, dirigent la charrue, sera désormais dévolu à ces *êtres-machines*, dont le nombre s'accroît chaque jour dans une proportion si affligeante pour l'humanité et si effrayante pour l'avenir du monde! Physiquement et moralement impropres à toute autre œuvre que

(1) La ville de Dacca, chef lieu du district, dans lequel se fabriquaient les plus belles mousselines, avait une population de 320,000 ames; elle est réduite depuis trente ans à 30,000. Sur 200,000 ouvriers tisserands établis dans le canton, il n'en reste que 10,000. *The jungle and malaria are fast encroacching upon the town.* — Enquête de 1840, *on Cast India produce*. L'état de misère dans lequel sont tombées les populations des contrées les plus belles des rives du *Gange* et de la *Nerbudah*, est décrit en caractères lamentables, par l'*Asiatic journal* de 1838, et par le *Colonial Magazine* de 1841.

celle avec laquelle ils sont, pour ainsi dire, identifiés, la prospérité ou la décadence de leur industrie règle leurs moyens de subsistance, ils vivent ou meurent avec elle. Pour subvenir à l'entretien de ces nouveaux ilotes, l'Angleterre a sa taxe des pauvres, institution plus politique que charitable, qui, dans la main d'une aristocratie mercantile, est le moyen le plus puissant pour assujettir et diriger la majorité prolétaire. Une somme annuelle de plus de deux cent millions, que de nouveaux besoins peuvent accroître, répond à ces nécessités. Mais avons-nous, et les autres nations continentales ont-elles une telle ressource? Dieu nous en garde et nous préserve encore longtemps d'un tel remède!

Telle est la destinée que réserve aux populations agricoles française, belge et allemande, la rivalité de l'Angleterre, si elles ne se hâtent pas d'arrêter le fléau qui les menace; s'il n'est mis prochainement des obstacles à l'invasion des produits mécaniques, dont la Grande-Bretagne couvre le continent, le tissage à la main est complètement détruit, sans ressource et sans dédommagement, avant quelques années.

Des nouvelles récentes apportées par des témoins oculaires apprennent qu'il existe, de toutes parts, dans le Royaume-Uni, un redoublement d'activité dans le développement de l'industrie linière; des sociétés puissantes se sont formées pour étendre en Irlande la culture du lin et la traiter sur l'échelle la plus vaste ; d'énormes achats de graines ont été faits dans tous les ports de la Baltique ; enfin, des cultivateurs et ouvriers belges ont été engagés pour diriger les cultures en exécution dans les vastes domaines exploités par les serfs de l'aristocratie féodale. On ne doute pas du succès, et l'on annonce que, si la récolte réalise les espérances, le prix du lin teillé sera de beaucoup inférieur au taux auquel est revenu jusqu'à présent celui de Russie, c'est à-dire qu'il sera au-dessous de 80 centimes le kilogramme. Que faut-il attendre d'une telle entreprise ? Une baisse énorme dans la valeur des fils, et une relative dans celle des toiles. En effet, que l'on considère que le kilogramme de filasse approprié à la filature est calculé en France et en Belgique à un prix infiniment supérieur.

Mais ce n'est pas tout, si les essais faits dans l'Inde, dont nous donnons en l'appendice les détails officiels, répondent aux espérances qu'ils faisaient concevoir en 1840, on peut juger que l'Angleterre est au moment d'entrer en possession de la totalité des matières textiles nécessaires à la consommation du monde, à un taux inférieur de moitié à celui auquel ces matières provenant d'Europe lui sont revenues jusqu'à présent (1).

Des faits de cette nature ne peuvent plus être in-

(1) Voy. l'Appendice.

firmés ou contestés par la raison que l'on a souvent objectée, que l'on objecte encore, celle des circonstances extraordinaires qui déterminent accidentellement les spéculateurs britanniques à faire des sacrifices et à perdre pour prévenir l'encombrement de leurs produits. Non, il n'est plus permis de le supposer, c'est la ruine absolue et immédiate de l'industrie linière européenne qu'ils ont en vue. Ils possèdent tous les éléments qu'ils ont depuis longtemps rassemblés pour parvenir à leur dessein. La perte apparente qu'ils feront aujourd'hui n'est qu'une avance dont demain le monopole qu'ils auront acquis leur rendra d'immenses intérêts.

Il n'existe aujourd'hui d'autre moyen pour arrêter les effrayants progrès du mal que d'appliquer le remède héroïque dont firent toujours usage avec tant de profit nos rivaux. Par respect pour la susceptibilité politico-économique de notre époque, nous n'emploierons pas le terme propre, mais à défaut de prohibition, nous dirons que, pour nous préserver de l'infaillible résultat que doit avoir l'entreprise machiavélique de nos voisins, il faut leur opposer des droits réellement efficaces, c'est-à-dire calculés sur la protection qui nous est nécessaire ; ce doit être la base de nos considérations ; nous devons imposer silence aux vaines théories de nos sophistes ; nous devons, comme les Anglais nous en donnent l'exemple, placer l'intérêt national avant tout ; nous devons accorder confiance au bon sens, et dire avec Huskisson : *Toute nation qui, en matière de douane, n'a pas uniquement ses intérêts propres en vue, court à sa ruine ; tout ministre qui lui propose le contraire est tombé dans la sottise ou la démence.*

Puisque l'inefficacité de la loi du 6 mai 1841 est évidemment démontrée, n'hésitons donc pas, et élevons les droits dans une telle proportion, qu'au prix où l'étranger peut nous livrer ses produits, notre tarif les établisse au moins à un prix égal à celui qui est nécessaire pour préserver les nôtres. L'Angleterre nous trace elle-même la conduite que nous avons à tenir : elle conserve maintenant sur les produits semblables, c'est-à-dire sur nos fils et nos tissus, des droits qui s'élèvent jusqu'à 40 pour 100, *ad valorem*.

Nous croyons avoir démontré l'espèce et l'étendue des dommages qu'a éprouvés notre industrie agricole. Nous avons, avec non moins de certitude, prouvé par des témoignages incontestables, les périls qui la menacent ; il nous reste à signaler l'état critique où se trouvent, en ce moment, les établissements créés dans les différents départements du royaume, sans qu'à une époque il leur ait été accordé aucun appui, pas même l'exemption des droits à l'entrée des métiers qu'à leurs risques et périls ils importaient d'Angleterre.

Lorsque les premières filatures à la mécanique perfectionnée s'établirent, le marché français n'était point envahi ; leurs créateurs avaient calculé sur les prix et les importations de 1833 ; mais, ce qui alors se vendait 110 et 120 francs, était tombé, en 1838, à 75. L'importation de 1832, en vue de laquelle on agissait, n'était que de 56,000 kil. ; elle n'était, en 1833, que de 418,000 kil. Les paroles prononcées par le Ministre du commerce, en 1834, et le projet de loi qu'il présenta en même temps pour pourvoir aux dangereux inconvénients qu'il prévoyait, n'avaient laissé aucun doute sur une prochaine et suffisante protection. Ce fut sous ces auspices que se formèrent alors les compagnies, que la perspective des avantages que recueillaient les spéculateurs britanniques avait aisément provoquées. Les capitaux affluèrent, la plus grande activité se développa dans l'exécution des entreprises. Il fallait d'abord se pourvoir de machines anglaises ; l'énormité des primes d'assurance de 80 pour 100 et les peines corporelles (1) qu'encouraient les ex-

(1) Les lois anglaises prohibent, de la manière la plus sévère, l'exportation des métiers-mécaniques destinés aux manufactures de coton, de laine, de soie, de chanvre et de lin. Cinq mille francs d'amende et un an de prison frappent tout exportateur et ses complices. Non contents de cette législation rigoureuse, les fabricants anglais ont, pour en assurer l'exécution, établi, à frais communs, une contre-ligne de douanes, affectée spécialement à la surveillance des exportations frauduleuses de machines ; contraste singulier avec les énergiques réclamations qui s'élèvent chez le même peuple en faveur de la liberté commerciale sur le continent.

Note du traducteur de l'ouvrage de Porter.

portateurs n'arrêtèrent point ; tout fut bravé, tout fut risqué. L'or prodigué triompha du patriotisme et de toutes les mesures préventives de nos jaloux rivaux. Les métiers anglais nous parvinrent ; l'habileté des mécaniciens français ne tarda point à les copier, bientôt à les égaler ; enfin, ils arrivèrent à rivaliser et souvent à surpasser leurs modèles. Les ateliers, comme ceux de MM. Décoster, Schlumberger, Nicolas Kœchlin, etc., ont prouvé qu'il n'est point de procédés mécaniques, quelque compliqués qu'ils soient, qui puissent être exécutés plus parfaitement qu'en France. Combien, en considérant aujourd'hui ces ateliers, sinon déserts, dépourvus au moins du plus grand nombre de leurs intéressants et habiles ouvriers, n'a-t-on pas à gémir de l'indifférence qu'on a témoignée pour une si belle industrie ! Ce fut de ces ateliers français, créés en quelques mois, que sortirent la plupart des métiers mécaniques des filatures que, malgré tous les obstacles et les effets d'une concurrence devenant plus redoutable de jour en jour, l'on continuait à édifier sur la surface du royaume. Déjà cent mille broches étaient en activité ; leurs produits égalaient et surpassaient en beaucoup de qualités les produits britanniques ; les fils de l'importante fabrique d'*Essonne* avaient obtenu, dès 1839, l'admiration et les justes éloges du public, qui reconnut que le problème était complètement et définitivement résolu pour le lin, comme il l'était pour le coton, et que désormais nous n'avions plus rien à emprunter à nos rivaux. Les filatures créées en quelques mois, dans les départements du Nord, du Pas-de-Calais, de la Somme (1), livraient déjà au tissage une partie de ses besoins. D'autres établissements en état d'exécution, ou projetés, faisaient prévoir le moment très-prochain où ils suffiraient amplement à toute notre consommation. Il ne fallait, pour arriver à ce terme, que la protection qu'on attendait de la loi depuis si longtemps promise. Cette loi, qui devait les sauver, leur a porté le coup fatal. Les immenses importations ont paralysé tout-à-coup leur activité; dans l'impossibilité de supporter la concurrence que leur faisait un encombrement subit et un abaissement de 15 à 20 pour 100 dans les prix, il a fallu réduire une production devenue une source de pertes. Ainsi, les établissements les plus solides ont diminué d'un tiers et de moitié le nombre de leurs broches, d'autres ont arrêté tout-à-fait leurs opérations, et quelques uns enfin ont appelé leurs sociétaires à liquidation. Un département, celui des Côtes-du-Nord,

(1) Nous signalerons, parmi ces filatures, celles d'Amiens et de Pontremy, département de la Somme, qui emploient ensemble plus de 1,200 ouvriers, domiciliés dans les villages voisins. La culture du lin s'est accrue, et tend à augmenter considérablement; les procédés de rouissage se sont perfectionnés, la qualité de lin a déjà sensiblement gagné. La filature d'Amiens est l'une des plus considérables du royaume, et nous croyons qu'elle rivalise avec les premiers établissements anglais, dans lesquels elle a pris ses plans et ses modèles.

dont la prospérité agricole et commerciale tient plus particulièrement qu'aucun autre à la culture et à l'exploitation du lin, avait voté une prime d'encouragement de 60,000 fr. à un établissement de 2,000 broches : il porta ensuite à 90,000 fr. cette prime pour 4,000 broches ; ces avantages ne purent déterminer personne à se présenter pour en profiter. Il est aisé de concevoir ce que, dans une telle situation, sont devenues les entreprises mécaniques ; il a fallu fermer les ateliers et disperser les ouvriers qui, pour trouver l'existence que leur refuse leur patrie, sont obligés de porter à l'étanger qui leur tend les bras, des talents qu'il semble que nous n'encouragions par nos énormes sacrifices annuels que pour en faire profiter les autres, et les négliger pour nous-mêmes (1).

Pour compléter les documents avec lesquels on peut calculer le dommage pécuniaire qu'éprouve la France, nous voudrions ajouter la valeur des capitaux engagés dans les établissements mécaniques ; mais, quoique les éléments sur lesquels nous pourrions établir nos calculs aient été développés dans l'enquête de 1838, nous craindrions d'en faire une application erronée ; à défaut de documents certains, nous croyons être dans le vrai, en portant à

(1) Il est malheureusement trop certain qu'un certain nombre d'ouvriers mécaniciens se sont expatriés, pour trouver chez l'étranger, et particulièrement en Russie, un travail qu'ils ne peuvent exercer dans leur pays.

trente millions la valeur estimative des établissements existants.

Si les considérations pécuniaires sont d'une grande valeur, il en est d'autres non moins appréciables et qu'on ne peut peser au poids de l'argent; ce sont les considérations morales et humanitaires que nous avons fait valoir.

Si naguère on espéra que des négociations entamées avec le Gouvernement britannique, relativement à un traité de commerce, auraient une issue favorable, le résultat prouva bientôt qu'il est et qu'il sera toujours impossible d'obtenir de cette Puissance des conditions basées sur une équitable réciprocité. Toute concession est à ses yeux un abandon de ce qu'elle considère comme son droit; le traité de 1786, si funeste à nos intérêts, ne satisfit pas ses exigences. « Je ne disconviens pas, disait alors Fox, que » ce traité ne promette de grands avantages à des An- » glais; mais est-ce en faveur de quelques particuliers » que M. Pitt doit établir les relations du royaume? » L'Angleterre, *en s'unissant trop étroitement avec la* » *France, nuit à ses intérêts, etc.* » Ce principe n'a point varié depuis, et il ne se modifiera jamais. Ce n'était point assez que le marché de la France fût ouvert aux produits de tout genre de l'industrie rivale, il fallait plus encore. A cette époque, comme à présent, c'était le monopole que l'on poursuivait, et que, par tous les moyens praticables, on veut toujours atteindre. Le monopole est le but vers lequel tendent toutes les vues, toutes les espérances, toutes les opérations d'une nation dont l'existence dépend invariablement de la prospérité de son commerce (1). Il n'est pas de sacrifices qui puissent lui coûter pour parvenir à réduire le continent à recevoir et à consommer ses objets manufacturés, et à payer ces objets en produits naturels de son sol ; voilà quel fut et quel est plus que jamais le but qu'elle se propose. De ce résultat dépend son existence; en effet, au point où est parvenue son industrie, avec une puissance productive en permanente activité, équivalente à quatre cent millions de bras, il lui faut le marché du monde.

Est-ce dans de pareilles conditions que nous pouvons raisonnablement penser qu'il soit possible de faire avec une telle nation un traité de commerce où il puisse exister d'avantages réciproques? Nous aurions tort de l'imaginer, elle en aurait un plus grand d'en faire l'essai ; ce serait introduire dans son sein une rivalité périlleuse dont elle ne tarderait point à se repentir.

Renonçons donc à toute pensée de stipulations commerciales avec l'Angleterre, basées sur le principe libéral de réciprocité, le seul que nous puissions admettre ; que sa conduite à notre égard soit la règle de nos relations avec elle ; que nos tarifs

(1) In commerce, we as a nation, live, move, and have our being : if we have it not, we die : to attempt, to promote british prosperity, it is, in fact the highest effort of patriotism......
(*Colonial and commercial Magazine.*)

de douanes soient en rapport avec les siens ; enfin, ne lui concédons rien que nous ne recevions en échange un avantage égal. Agir autrement, ce serait être sciemment sa dupe. Le résultat de nos infructueuses négociations a prouvé, et le nouveau tarif soumis actuellement au parlement démontre la vérité de nos assertions.

Nous ne discuterons pas ici, comme nous l'avons fait en 1839 dans un précédent écrit, le peu de fondement des craintes qu'on inspirait alors sur une augmentation de taxes pour certains articles de nos produits naturels et manufacturés, nous ne démontrerons pas de nouveau la vanité et la fausseté des espérances dont on flattait certains intérêts nationaux eux-mêmes en souffrance, nous nous bornerons à remercier le Gouvernement, s'il a eu la sagesse de rompre des négociations dont le succès dépendait d'un sacrifice qu'il lui était impossible de consommer, sans porter à notre agriculture, à notre industrie et à la population de nos campagnes le coup le plus funeste qui pût les atteindre.

Que l'on reconnaisse bien qu'en sauvant, en conservant l'industrie linière, l'aisance qu'elle répand dans les contrées qu'elle vivifie, tourne au bénéfice des autres contrées du royaume en y augmentant la consommation de leurs produits. Que les pays vinicoles se persuadent bien que leur prospérité dépend essentiellement de la consommation intérieure, et que tout ce qui aura pour effet d'altérer cette consommation, est un préjudice irréparable pour eux-mêmes. L'aisance des populations du Nord et de l'Ouest de la France a une influence directe sur la prospérité du Midi ; c'est au Midi que la Flandre, la Picardie, la Normandie et la Bretagne paient un tribut annuel pour les vins et les eaux-de-vie qu'elles consomment, et le peuple n'en consomme que quand il a les moyens de payer.

L'uniformité des droits, dans nos tarifs de douanes, est-elle de principe rigoureux pour les objets semblables provenant de pays divers? Nous ne pouvons le croire; en effet, qu'arriverait-il si la nécessité reconnue d'appliquer 25 ou 30 pour cent sur les articles anglais qui, par les nombreuses causes que nous avons détaillées, reviennent à 25 pour cent au-dessous de ce qu'ils nous coûtent à nous-mêmes, frappait les articles belges ou allemands qui sont, à notre égard, dans des conditions presque semblables à nous? On conçoit que ce serait prononcer leur exclusion: le droit qui nous protègerait vis-à-vis des premiers deviendrait prohibitif envers les seconds. C'est ce qui ne peut être ; les droits doivent donc être modifiés suivant la valeur de la marchandise du pays producteur, et être calculés dans des proportions relatives. Cette considération que dictent le bon sens et l'équité, doit diriger l'Administration, non-seulement dans l'intérêt commercial, mais encore dans l'intérêt politique. En effet, loin de nous écarter, nous dèvons, en beaucoup de circonstances, nous rapprocher de la Belgique (1). L'industrie linière, qui forme l'une des branches les plus importantes du commerce de ce royaume, ne peut nous être hostile; c'est moins une rivale qu'une utile auxiliaire que nous devons voir dans la Belgique. Ses intérêts sont semblables aux nôtres ; elle produit comme nous; comme nous, elle fabrique ses matières premières; ses toiles entrent dans nos assortiments, comme nos cretonnes, qui conservent leur supériorité, entrent dans les siens; comme nous, c'est lá population de ses campagnes qui se livre au tissage. Enfin, c'est graduellement et en rapport avec nos progrès, dans l'établissement des filatures, qu'elle forme ses ateliers. La dangereuse concurrence de l'Angleterre, qui nous a déjà été si funeste, la menace elle-même, et l'a déjà atteinte. Ainsi il y a similitude et communauté d'intérêts. Sous ce rapport, nous devons donc, dans l'application des droits protecteurs, distinguer les produits belges

(1) Le projet d'une union douanière entre la France et la Belgique est une pensée profonde, digne des plus sérieuses méditations de l'homme d'État. Les difficultés qu'y opposent certains intérêts, sans doute fort respectables, sont-elles de nature et de valeur à l'emporter sur les avantages d'une alliance politique resserrée et cimentée par les intérêts matériels entre deux peuples contigus, parlant le même langage, ayant les mêmes institutions, et des lois semblables ?

des produits anglais, et appliquer à chacun des droits différents.

L'accueil que le Ministère tout entier vient de faire aux délégués de l'industrie linière, la promesse formelle que chacun des Ministres leur a faite de prendre en considération leurs doléances et leurs justes réclamations, a ranimé l'espérance et porté quelque consolation dans les départements. Que les mandataires de la Flandre et de la Normandie se souviennent que le sort de leurs commettants est entre leurs mains; qu'ils se persuadent bien qu'il n'y a plus un seul moment à perdre, et que le moindre délai doit produire les plus graves conséquences sur les destinées des populations, dont ils sont les protecteurs naturels; qu'ils se hâtent d'aviser aux moyens d'arrêter immédiatement ces importations, qui viennent, chaque jour, encombrer les magasins des consignataires des maisons de Leeds, de Glascow, de Belfast; qu'ils sachent que ces consignataires ont l'ordre de vendre à tout prix, et, passé un certain terme, de vendre à l'encan.

Les importations anglaises des trois premiers mois de cette année, qui s'élèvent, pour les fils, au-delà de trois millions de kilogrammes, et qui, pour les toiles, surpassent de 15 p. cent les importations belges, font présager l'invasion immédiate du marché français. De tels faits justifient suffisamment nos assertions, nos prévisions et nos alarmes. Puisse le Gouvernement reconnaître enfin que le temps est venu d'opposer à une politique, dont l'esprit et tous les actes n'ont pour mobile et pour but que des intérêts *mercantiles*, l'énergique résolution de n'abandonner aucun de nos droits, de ne faire de concessions que dans les limites tracées et circonscrites par notre dignité nationale !

Quant à l'élévation des droits, dont l'urgente nécessité est si complètement démontrée, suivons le précepte qu'en 1828 l'un des plus habiles Ministres qu'ait eu l'Angleterre proclamait dans l'un de ses écrits, et répétons encore une fois avec Huskisson : *Toute nation qui, en matière de douane, n'a pas uniquement ses intérêts en vue, court à sa ruine ; tout Ministre qui lui propose le contraire est tombé dans la sottise ou la démence.*

APPENDICE.

Extrait du Mémoire de la Chambre de Commerce de Normandie. — 1787.

Nous ne pouvons mieux faire connaître les effets de la dépendance du Portugal, qu'en donnant l'extrait du mémoire de la chambre de commerce de Normandie en 1787. On y voit le sort que, de tout temps, a réservé l'Angleterre aux nations qui se sont mises dans sa dépendance.

Lorsqu'on nous invite à sentir l'avantage d'acheter de l'étranger, quand il peut nous vendre à meilleur marché, d'être indifférent sur la couleur du pavillon sous lequel les marchandises sont importées ou exportées ; de calculer seulement les droits que percevra notre fisc ; de considérer qu'enfin nous donnons à cet étranger les moyens de payer nos vins et les productions du sol qu'il nous achète ; on nous tient le même langage que le célèbre négociateur *Méthuen* tenait aux Portugais, au nom de l'Angleterre, lorsqu'il leur proposait le fameux traité de commerce qui porte son nom, et ce sont sans doute les mêmes paroles dont M. *Eden* s'est servi avec nous.

Avant ce traité, obtenu par de pareilles réductions, les manufactures de draps et de lainages s'étaient établies et perfectionnées en Portugal. Elles s'étaient même assez accrues en 1684, pour décider le comte d'*Erceira*, qu'on nommait le Colbert du Portugal, à faire prohiber l'importation des draps de l'étranger. Ce royaume, et même le Brésil, ne consommaient, à l'époque du traité de *Méthuen*, que des draps du Portugal ; sa marine marchande était active ; mais bientôt après la ratification du traité, cette marine dépérit, toutes ses manufactures furent ruinées et ses métiers détruits.

« Que ne devons-nous pas à M. *Méthuen* (s'écriait dans le parlement d'Angleterre, quelques années après ce traité, un membre de la Chambre des communes) ! Que ne devons-nous pas à celui dont l'habileté a su assurer un grand débouché à nos manufactures, et par conséquent l'emploi et l'aisance de notre peuple ! Pendant les vingt ans de prohibition qui ont précédé le traité qu'il a heureusement négocié, les Portugais avaient un tel succès dans les manufactures de laine, que nous n'apportions de ce pays ni or ni argent. Mais depuis la libre circulation de nos étoffes, nous lui enlevons son or, et ne lui laissons d'argent que ce qu'il lui en faut indispensablement pour ses nécessités ; car (ajoutait l'orateur anglais), il ne nous a rien coûté pour mettre leur commerce entier dans nos mains ; l'importation seule de nos *bayettes*, évaluée à 11,820 livres sterl., paie leurs vins et nos achats divers. »

Un pareil éloge d'un citoyen, applaudi dans l'assemblée du peuple le moins louangeur et qui connaît mieux la science du commerce, cet éloge consacré par les faits et les succès depuis plus d'un siècle, ne mérite-t-il pas plus de confiance que des spéculations théoriques et systématiques ?

C'est donc ainsi que les Anglais ont fait dépérir l'agriculture, la navigation, l'industrie et la population en Portugal. Et quand nous réfléchissons sur la similitude que peuvent avoir en France les effets de son traité avec ceux du traité de *Méthuen*, nous restons plus que pe--suadés que celui qui écrit sur les matières d'administration, soit dans des ouvrages destinés au public, soit dans des mémoires adressés au Gouvernement, quelque assuré qu'il soit ou se croie être de la bonté de ses principes, doit se sentir investi d'une sorte de terreur lorsqu'il songe qu'une conséquence mal tirée, qu'un conseil hasardé, qu'une fausse mesure, qu'une méprise, une négligence, une erreur, peuvent faire du mal à vingt millions d'hommes, au lieu du bien que l'on se proposait.

Extrait de l'enquête faite par le Comité de la Chambre des Communes,

Le 2 *juin* 1840

SUR LA

CULTURE DU LIN DANS L'INDE.

PRÉSIDENCE DE LORD SEYMOURS.

4232. — M. Rogers, Esq. : Quelle est votre occupation actuelle ?

R. — J'ai des factories dans l'Inde : je suis ici agent de ces factories pour en vendre les produits.

4233. — Êtes-vous propriétaire de grands établissements consacrés à la culture et à la fabrication de l'indigo dans l'Inde ?

R. — Je suis au nombre de ceux qui occupent les plus considérables.

4234. — Êtes-vous intéressé depuis long-temps dans cette exploitation ?

R. — Depuis très-longtemps.

4235. — Avez-vous fait des expériences sur la culture du lin ? Si vous en avez fait, veuillez bien nous faire connaître vos opérations et le résultat qu'elles ont eu ?

R. — J'ai fait ces expériences avec MM. James Mackillop, Henri Gouger et autres commerçants de l'Inde. Nous nous sommes constitués sous le titre de Compagnie expérimentale du lin (The flax expérimental society). Nous avons établi nos calculs sur le plus haut produit, en Europe, du lin par acre (0,40 ares) ; nous avons également calculé la moyenne la plus élevée du produit de l'indigo par acre. Nous trouvons qu'en Europe la terre rend communément par acre cinq quintaux (50,78 kil.) de lin, qui, à la vente, atteignent le prix de 9 liv. pour chaque acre (225 fr.), (ce qui, par hectare, donne 562 fr.). Nous trouvons que, dans l'Inde, fixant le prix de l'indigo à 5 shillings (5 fr. 80 c.) par livre, la moyenne du prix réalisé dans les vingt dernières années, a donné, par acre, un revenu de 2 liv. 16 sh. (68 fr. 58 c.). Nous avons alors calculé que, dût l'acre ne rendre que trois quintaux de lin, ce qui est deux quintaux de moins que ce que rend la même mesure en Belgique, ou en Europe généralement, nous réaliserions 6 liv. pour cet article (151 fr. 26 c.). Entrant plus avant dans ce calcul, nous établissons que mille *bégahs bengalis* (134 hect. 73 ares 18 cent.), cultivées en indigo, rendent 50 maunds (1,692 kil.), mille bégahs donnent 333 un tiers acres anglais, lesquels, à 40 a. 46 c., font 134 h. 73 a. 18 c. Si les 50 maunds sont vendus à 5 sh. la livre, ils donneront 825 liv. sterl, (20,798 fr. 25 c.), ce qui donne 155 fr. 25 c. par hect.. Si nous produisons trois quintaux de lin, qui soit payé à 40 sh. (46 fr. 40 c.) par quintal, ce qui est de 4 sh. (4 fr. 64 c.) au-dessous du prix moyen du lin d'Europe, nous aurions près de deux mille livres (50,420 fr.); et, déduisant le prêt, nous obtiendrions net 1,625 liv.

(40,966 fr. 25 c.) ; ce qui établit une grande différence en faveur du lin sur l'indigo.

Ces calculs ainsi établis, je fus chargé de me rendre en Belgique, et d'y engager des cultivateurs belges, habitués depuis leur enfance à la culture et à la préparation du lin; j'en engageai deux, dont l'un M. de Neef, qui s'est montré très-habile. Nous achetâmes les graines de lin des qualités supérieures cultivées en Europe ; celles de Russie, d'Amérique, de Dantzick, enfin toutes les diverses espèces. Nous nous procurâmes aussi des échantillons très-variés de lins de Russie, de Belgique, de Hollande, de France, de toutes les sortes ; nous avions en vue de montrer aux peuples de l'Inde ce qu'est le lin, parce que, quoique cette plante ait été cultivée de temps immémorial dans l'Inde, pour sa graine, et qu'elle y soit indigène, les natifs possédant le coton, matière beaucoup plus facile à manipuler et à manufacturer, n'ont jamais pensé à tirer aucun parti de sa fibre, et ont ignoré l'usage qu'on en pouvait faire ; pour cette raison, nous jugeâmes nécessaires d'envoyer et d'importer des échantillons de toutes les sortes d'espèces apprêtées dans l'état où il les faut au commerce. Je rédigeai la description, à laquelle je joignis les dessins des procédés de culture et d'apprêts les plus simples usités en Europe ; mais il ne fut nullement question des procédés plus difficiles, plus compliqués, ni de machines. Nous préférâmes le mode le plus simple, parce que le travail manuel étant, dans l'Inde, le plus praticable et le plus avantageux, nous pensâmes que le peuple de cette contrée profiterait plus de cette manière, qu'en cherchant à lui faire employer des machines ingénieuses et compliquées, qui priveraient un grand nombre d'individus de travail. Nous n'avons donc envoyé que des outils et machines les plus simples. Je donnai, au mémoire que je rédigeai, la plus grande publicité, en le faisant répandre dans toutes les parties de l'Inde, et en le faisant traduire dans les divers idiômes, en bengali et en hindoustani. Il en fut envoyé à tous les planteurs d'indigo. Avant d'expédier nos cultivateurs belges, nous avons voulu nous assurer d'une étendue considérable de terres dans les districts de, *Tirhoot*, d'*Allahabad*, près de *Benarès*, à *Midnapore*, dans le *Burdwan*, dans le *Behar* et le *Kishnagur*, qui serait livrée à cette culture; nous défendîmes de l'entreprendre sur une étendue moindre de cinq acres anglais, environ quinze beghas bengalis; nous décidâmes qu'il serait tenu dans chacun des districts un compte exact des frais de culture et de chaque lot de cinq acres.

Les Belges arrivèrent dans le navire le *Vernon* : ils trouvèrent une quantité considérable de terres (considérable pour une expérience) mises déjà en culture; les plantes étaient parvenues à un degré de perfection qui se trouve rarement en Europe. M. Neef, qui, je l'ai déjà dit, est un homme fort intelligent, assurait que le lin en Belgique, et communément en Europe, n'excède pas en élévation 24 à 30 pouces; mais que, dans l'Inde, il atteint la hauteur de 36 à 40 pouces. Il dit qu'il ne voyait aucune raison pour que le lin de l'Inde ne fût aussi bon, en le jugeant par l'apparence et sur pied, qu'aucun autre lin de l'Europe. La cause pour laquelle le lin, dans l'Inde, a été jusqu'alors sans valeur, c'est que les habitants ne l'ayant jamais cultivé pour sa fibre, mais seulement pour sa graine, le sèment par conséquent très-clair, afin de multiplier les branches latérales (Ici le témoin définit les causes et les effets de ce mode de culture). Par ces considérations, nous décidâmes que la graine serait semée épaisse, afin qu'il n'y eût aucune tige isolée, et éviter qu'il ne se formât de branches latérales; cela a réussi à merveille. Quand la plante est parvenue à 36 pouces de hauteur, elle n'avait point une seule branche latérale, ni même l'apparence d'une seule; alors elle commença à fleurir. Jusqu'alors, il n'a encore été fait aucune expérience sur la manipulation et la fabrication du lin, parce que, bien que le lin soit bien en apparence comme plante, la fibre peut être faible, ou sa nature rude et cassante, et difficile à travailler. C'est ce que nous ne pouvons, jusqu'à présent, prononcer. Nous avons 30 seers, environ 60 livres de lin manufacturé par les Belges, à *Bowsing*, qui ont été expédiées à la société d'agriculture de *Calcutta*, où, malheureusement, elles sont parvenues trop tard pour le départ du dernier paquebot. Je ne doute pas que le prochain, qui doit arriver vers le 10 de ce mois, n'apporte les premiers échantillons de lin qui soient venus jusqu'à présent des Indes-Orientales.

4236. — Avez-vous reçu des renseignements sur la quantité produite par acre?

R. — Nous savons la quantité de bottes, mais non celle du produit après le teillage. La graine est semée à la fin de septembre ou au commencement d'octobre, au plus tard à la fin du dit mois; le lin est mûr du milieu à la fin de février; arraché, on peut le travailler au commencement de mars; ainsi sa culture et sa récolte, faites au commencement de mars, n'ont pas dépassé le temps que cette plante met à croître en Europe.

4243. — Lord Sandon : Quel est l'usage et la destination de la graine de lin exportée ?

R. — Elle est envoyée en Angleterre ; nous y avons expédié, dans les cinq dernières années, 30,000 tonneaux pour faire de l'huile.

Les expéditions furent, pour la Grande-Bretagne, de 1835 à 1836, de 158,639 maunds. En Belgique, on a semé cette graine de l'Inde.

On a appris que partout où l'on avait semé le lin, dans l'Inde, où l'on avait envoyé de la graine, il avait réussi : on était pourtant sans nouvelles sur cet objet de Madras et de Bombay. Il y a tout motif de compter sur le succès. Nous avons envoyé non des modèles d'outils, mais les outils eux-mêmes usités en Belgique : nous nous les sommes procurés chez les cultivateurs de ce pays.

4253. — Avez-vous tourné votre attention sur la culture du lin en Irlande ou dans les États-Unis ?

R. — M. Hodgkinson est allé en Irlande pour voir comment le lin y était cultivé et exploité ; moi j'ai été faire, en Belgique, la même étude. Après sa tournée, M. Hodgkinson est allé dans l'Inde ; il a une parfaite et complète connaissance qu'il a obtenue par ses observations personnelles en Irlande, en Belgique et en Hollande.

4254. — Avez-vous étudié la culture du chanvre ?

R. — Non, et pour la raison que voici : Nous avons craint d'apporter de la confusion dans l'esprit du peuple, en introduisant trop de choses nouvelles à la fois ; mais nous nous sommes réservé de faire suivre les expériences sur le lin de celles sur le chanvre.

4255. — Le chanvre est-il cultivé dans l'Inde ?

R. — Il y a diverses espèces de chanvre cultivées dans ce pays.

Il est certain qu'on aura autant de succès pour le chanvre que pour le lin; mais, on le répète, l'inconvénient qu'il y aurait à tenter simultanément les diverses expériences, par la confusion qu'elles produiraient dans l'esprit du peuple, doit faire différer celle à faire sur le chanvre.

Le chanvre est connu dans l'Inde; mais ce n'est pas précisément le chanvre d'Angleterre. Il y a plusieurs plantes considérées comme chanvre et qui en tiennent lieu, entre autres le chanvre de Manille.

Les graines de lin sont employées, par les Indiens, pour en faire de l'huile dont ils se servent pour leurs lampes, et même pour faire cuire leurs aliments.

A la question faite, si l'intention de la Compagnie est, en cas de succès, d'importer en Angleterre la matière brute ou manufacturée, M. Rogers répond que l'intention de la Société n'est pas de faire filer le lin dans l'Inde, seulement de l'apprêter en état d'être vendu pour être mis en œuvre dans la métropole. A cette considération s'attache l'intérêt de l'industrie nationale et de la marine commerçante qui, dans le seul transport de cet article, pourra trouver un jour un fret de 70,000 à 80,000 tonneaux.

EXTRAIT

DE

LA STATISTIQUE AGRICOLE DU ROYAUME,

PRÉSENTÉE AU ROI LE 30 MAI 1838.

Extrait de la Statistique agricole du royaume,

PRÉSENTÉ AU ROI LE 30 MAI 1838.

NOMS DES DÉPARTEMENTS PRODUCTEURS.	PRODUCTION EN LIN, superficie en hectares		PRODUCTION EN CHANVRE superficie en hectares	
	h.	a.	h.	a.
Somme	4,866	78	2,313	18
Seine-Inférieure	4,213	01	556	19
Calvados	600	40	1,940	98
Manche	6,581	91	1,991	98
Ille-et-Vilaine	4,401	23	4,242	99
Côtes-du-Nord	7,689	40	2,896	96
Finistère	3,896	»	2,218	37
Morbihan	1,053	30	4,825	27
Loire-Inférieure	3,318	25	376	84
Oise	70	15	2,472	05
Eure	3,171	»	1,042	»
Seine-et-Oise	117	42	967	14
Seine	»		1	»
Orne	815	60	3,384	78
Eure-et-Loir	41	80	628	85
Loiret	61	25	3,864	69
Mayenne	3,673	34	1,812	34
Sarthe	108	»	7,880	33
Loir-et-Cher	130	44	1,196	23
Maine-et-Loire	2,827	40	6,851	»
Indre-et-Loire	13	»	3,250	82
	47,649	68	54,713	99

NOMS DES DÉPARTEMENTS PRODUCTEURS.	PRODUCTION EN LIN, superficie en hectares	PRODUCTION EN CHANVRE superficie en hectares
	h. a.	h. a.
Nord	10,225 68	461 83
Pas-de-Calais	7,520 51	426 95
Ardennes	270 28	1,638 81
Meuse	674 78	2,545 75
Moselle	742 09	2,316 59
Bas-Rhin	203 70	5,160 21
Haut-Rhin	58 76	1,754 14
Doubs	435 38	1,529 30
Jura	16 93	1,744 31
Aisne	1,175 83	2,570 37
Marne	26 17	2,385 70
Meurthe	566 71	2,782 81
Seine-et-Marne	»	1,015 76
Vosges	938 22	2,976 45
Haute-Marne	»	2,469 14
Côte-d'Or	16 »	3,190 68
Haute-Saône	73 52	2,508 18
Cher	11 25	2,552 74
Aube	»	3,113 32
Yonne	»	2,467 71
Nièvre	»	2,452 57
	22,955 81	49,063 36

NOMS DES DÉPARTEMENTS PRODUCTEURS.	PRODUCTION EN LIN superficie en hectares	PRODUCTION EN CHANVRE superficie en hectares
	h. a.	h. a.
Ain	6 94	3,582 94
Isère	»	7,065 76
Haute-Alpes	6 »	591 25
Hérault	37 »	»
Basses-Alpes	»	364 15
Aude	436 23	»
Rhône	»	1,185 06
Pyrénées-Orientales	158 61	207 92
Aude	»	201 98
Allier	2 22	2,226 10
Puy-de-Dôme	92 »	5,276 69
Loire	8 »	1,849 69
Gard	»	194 »
Cantal	23 55	»
Bouches-du-Rhône	»	31 »
Aveyron	262 54	»
Var	»	123 04
Hérault	»	190 »
Saône-et-Loire	»	3,448 65
Cantal	»	1,646 84
Haute-Loire	»	705 28
Ardèche	»	128 75
Drôme	»	1,241 48
Aveyron	»	2,211 »
Vaucluse	»	136 65
	1,033 09	32,608 23

NOMS DES DÉPARTEMENTS PRODUCTEURS.	PRODUCTION EN LIN superficie en hectares		PRODUCTION EN CHANVRE superficie en hectares	
Vendée	3,309	10	1,312	»
Charente-Inférieure	917	»	1,497	»
Gironde	247	60	3,448	74
Landes	2,960	13	633	96
Basses-Pyrénées	2,798	»	»	
Deux-Sèvres	741	31	1,650	63
Vienne	68	85	1,913	78
Indre	34	18	1,953	94
Charente	347	59	2,624	24
Haute-Vienne	232	»	2,469	70
Creuse	»		3,923	»
Dordogne	162	38	5,110	49
Corrèze	402	»	1,941	06
Lot-et-Garonne	1,056	83	4,230	75
Lot	305	56	2,657	65
Gers	3,563	28	169	08
Tarn-et-Garonne	1,385	70	1,987	75
Tarn	869	75	2,448	55
Hautes-Pyrénées	2,065	43	»	
Haute-Garonne	2,629	43	527	55
Ariège	1,937	»	208	60
TOTAL	26,033	43	40,708	47

RÉCAPITULATION.

	Lin			Chanvre			
1re	47,649	68	1re	54,713	99		
2e	22,955	81	2e	49,663	36	97,672	01
3e	1,033	09	3e	32,608	23	177,094	05
4e	26,033	43	4e	40,708	47		
Total.	97,672	01	Total.	177,094	05	274,766	06

Extrait de l'Essay on the productive resources of India,

BY J.-F. ROYLE, D.-M. LONDON, 1840.

Les lords du conseil privé, dans une lettre datée du 4 février 1803, recommandaient à la cour des directeurs de la Compagnie des Indes d'encourager autant qu'ils pourraient la culture du chanvre dans toutes les parties de leurs dépendances où elle pourrait s'entreprendre avec succès. Le 23 du même mois, la cour répondit qu'elle prendrait toutes les mesures pour accomplir l'objet des désirs de LL. SS. Cependant l'attention sur cette culture avait été longtemps avant excitée, comme le prouve dans son Traité sur le chanvre M. *Wisset*, qui, en 1792, donna au bureau du commerce du Bengale des informations sur cette culture. Dans ce traité, il donne d'amples détails sur les meilleurs modes de culture et de préparation pratiquées en Europe, en Asie et en Amérique, avec des observations sur le *sunn*, plante de l'Inde qui peut être introduite et suppléer le chanvre dans beaucoup d'objets où il est exclusivement employé; ce traité fut publié à Londres en 1808.

Nous apprenons aussi par une lettre du docteur *Roxburgh*, du 24 décembre 1799, que la cour des directeurs avait envoyé M. *Sainclair* pour entreprendre la culture du chanvre. Mais celui-ci étant mort, l'expérience fut continuée par M. *T. Douglas*, et, suivant le docteur *Roxburgh*, sur une plus grande échelle.

L'Inde possède une grande quantité de plantes dont l'on a pu se servir et dont on fait usage pour faire des cordages, que la navigation des fleuves a dû, en tous les temps, rendre nécessaires. En examinant ce sujet, nous trouvons que les Indiens ne possèdent pas moins de 40 à 50 sortes de plantes qui peuvent être employées en cordages. Les fibres de quelques unes sont remarquables par leur grande force.

Le docteur *Roxburgh* a préparé la plupart par le moyen de la macération, comme on en use en Europe pour le chanvre et le lin; il a fait l'essai et la comparaison de leur force.

Jusqu'à présent le lin n'a été cultivé que pour sa graine, l'on n'a fait aucun usage de sa tige. Sur ce sujet, le docteur *Roxburgh* dit : des échantillons de lin ont souvent été envoyés en Angleterre par le bureau du commerce à la cour des directeurs, afin que l'on jugeât de l'usage qu'on en pouvait faire et des avantages à en obtenir. Si le lin avait été trouvé bon, on en aurait pu tirer, à un très-bas prix, une très-grande quantité, puisque la graine étant l'unique produit qu'on en tire, forme déjà, pour le cultivateur, un revenu profitable. Observations, p. 17, et *Trans. Soc. of arts*, 1804, 22, p. 389 (1).

Le chanvre, comme le lin, paraît avoir été cultivé dans les temps les plus anciens, étant cité dans des ouvrages

(1) Au moment où l'auteur écrivait, on ne connaissait pas encore l'entreprise dont l'enquête de 2 juin 1840 donne les détails.

écrits en vieux sanscrit ; des naturalistes européens reconnaissent ces plantes comme indigènes dans l'Inde : c'est le *ganja* des Indous, qu'ils estiment particulièrement pour la secrétion résineuse de ses feuilles et de la partie verte de ses fleurs. Cette résine est d'une nature stimulante, et produit sur ceux qui en usent une ivresse ; ils appellent cette sorte de résine de noms différents, quoique celui de *bang* ou *bhang*, soit le plus communément connu ; la plante est cultivée partout, et vient naturellement dans les régions N.-O. de l'Inde, au pied de *l'Himalaya*, où elle se trouve en grande quantité et d'une dimension très-grande, dans les montagnes elles-mêmes.

Le lin est donc cultivé spécialement pour sa graine, et le chanvre pour la secrétion résineuse de ses feuilles. Le lin est placé particulièrement sur le bord des champs, et les tiges de chanvre à neuf pieds de distance. Cette disposition a pour effet de faciliter le développement des plantes, en les exposant à l'action de la lumière, de la chaleur et de l'air ; mais cette exposition produit de la dureté dans la fibre, de même que pour les arbres, dont le bois est d'autant meilleur, qu'ils ont crû dans une situation plus isolée. Dans ce cas, on conçoit que le lin et le chanvre, crûs dans ces conditions, perdent de la douceur et de la flexibilité, qui sont aussi essentielles que la force.

Cette dureté, et conséquemment l'inflexibilité de la fibre, produite par cette culture isolée, est un défaut auquel il est probablement très-facile de remédier. Une semaille épaisse a nécessairement pour effet de produire des tiges plus nombreuses et plus rapprochées les unes des autres ; et comme il est dans la nature des plantes de se développer et de s'étendre dans la direction de la lumière et de l'air, elles s'élèveront sans produire de branches latérales.

La rapidité de la croissance produira, non-seulement plus de longueur, mais également plus de douceur dans la fibre, avec quelque diminution de force, mais pourtant pas au point d'influer sur la douceur, la finesse et la flexibilité : c'est ainsi qu'on sème le lin en Europe ; le lin qu'on destine à la batiste est semé beaucoup plus épais que celui qu'on ne destine qu'à la toile; pour le lin fin, on sème très-épais ; pour le gros, on sème plus clair.

D'après ses expériences, le docteur *Roxburgh* trouve que le lin peut être cultivé avec bénéfice, et en quelque quantité que l'on voudra. Il en est de même du vrai chanvre (*cannabis sativa*), soit sur la côte de Coromandel ou au Bengale. Il est porté à croire que le lieu, où sa culture, aurait le plus d'avantage, est l'intérieur du Bengale et du *Behar*, et spécialement dans le *Rohiscund*, ainsi que dans les parties voisines des montagnes au N. de ce district.

On peut juger, par l'emploi fait des plantes substituées au chanvre, le résultat qu'aurait sa culture. On a exporté du chanvre indien (probablement le sun), 18,955 maunds; et de *Jute*, 14,565 maunds, de Calcutta, en 1828-29, indépendamment de 1,013,277 pièces de *Gunnis ;* il en a été exporté, dans l'année suivante, 9,006,415.

M. *Walker*, négociant à Calcutta, dans un excellent mémoire qu'il a publié à Bordeaux, en 1840, sous le titre de *Notes analytiques sur le commerce français au Bengale*, présente le tableau des expéditions de *Jute* faites chaque année, depuis 1834. Celle de 1836-37 s'est élevée à 200,571 maunds, formant 7,509,378 kilog. pour l'Angleterre seule.

Les filatures anglaises ont converti en fils et en tissus ces produits exotiques, et en ont envoyé en France des quantités assez considérables, qui ont été admises comme fils d'étoupes.

Selon M. *Walker*, le nombre de sacs de *Gunnis* qui sortent des ports de Calcutta, dépasse actuellement trois millions.

Aux faits que nous rapportons ici, nous ajouterons les progrès que font la culture et l'exploitation du lin de la Nouvelle-Zélande, dont les importations s'augmentent considérablement depuis quelques années. Cette plante (*phormium tenax*) est actuellement préparée avec soin par les femmes zélandaises; elle est expédiée en balles à Sydney, d'où elle est envoyée en Angleterre, prête à être mise en œuvre dans les filatures. Sa valeur, selon *Montgommery Martin* (*Statistics of the Colonies of the British Empire,* 1839), est de 15 à 20 liv. st. la tonne.

Ainsi, l'on voit qu'il n'existe pas une partie du globe où l'industrie britannique ne s'occupe de recueillir toutes les matières premières qui lui assurent le monopole de l'objet de consommation le plus nécessaire. Elle veut obtenir et elle obtiendra sur son sol colonial toutes ces matières, qu'aucune contrée en Europe, même la Russie, ne pourra lui fournir à si bon marché.

Actuellement, c'est à la France, à la Belgique, à l'Allemagne, à prononcer si elles veulent se soumettre à payer un tel tribut à l'Angleterre.

FIN.